PAUL GERUZEZ

LE
CHEVAL DE CH...
EN FRANCE

DESSINS DE CRAFTY

PARIS

J. ROTHSCHILD, ÉDITEUR

13, RUE DES SAINTS-PÈRES, 13

1898

LE CHEVAL DE CHASSE

EN FRANCE

PAUL GERUZEZ

LE
CHEVAL DE CHASSE
EN FRANCE

DESSINS DE CRAFTY

PARIS

J. ROTHSCHILD, ÉDITEUR

13, RUE DES SAINTS-PÈRES, 13

1898

Tous droits réservés

A MONSIEUR

le Vicomte HENRY DE CHEZELLES

LE CHEVAL DE CHASSE

CHAPITRE PREMIER

DU CHOIX D'UN CHEVAL

En Espagne, on finit les vieux chevaux dans les courses de taureaux et dans les marais à sangsues ; en France, c'est à la chasse qu'on leur extirpe leur dernier galop.

Les profanes, confiants dans les récits pom-
peux de leurs parents et amis, se figurent qu'à
la chasse à courre on galope en ligne droite, à
la queue des chiens, à travers champs, vallons
et forêts, passant avec des bonds formidables

par-dessus des fossés et des rivières larges
comme des détroits, et des murailles et des
barrières de six pieds, et que nécessairement,
pour accomplir toutes ces prouesses, il faut être
monté sur des chevaux de grand prix et de
grande qualité.

Dans la pratique, dans la froide et vulgaire
réalité, en France, on ne saute jamais, à part

quelques très rares exceptions, comme Pau,
et pour cette très bonne raison que, dans
la plus grande partie des contrées où l'on
chasse il n'y a pas d'obstacles, et que, dans
celles où il y en a, ils sont infranchissables.

Le rôle de notre cheval de chasse se borne
donc ordinairement à faire une dizaine de
lieues dans une moyenne de trois heures,
tantôt au pas, tantôt au galop et surtout au trot,
et cela tous les cinq jours.

Quand on a deux chevaux et qu'on en met

un en relais, ce n'est plus que la moitié de la
besogne pour chaque cheval, soit cinq lieues
en une heure et demie.

Ou bien vous faites toute la chasse avec un

seul cheval et la suivante avec l'autre, ce qui
offre le double avantage d'éviter le désagré-
ment assez fréquent de ne trouver son relais
que très tard ou de le manquer (ce qui laisse
tout le travail au même cheval) et de donner
dix grands jours de repos pour effacer complètement la fatigue et guérir les petits accidents
qui peuvent se produire, tels que petites mo-

lettes, pieds déferrés et corne usée, enflures ou écorchures sous la selle, etc.

Les équipages des environs de Paris chassent généralement deux fois par semaine, ce qui fait environ tous les quatre jours.

Dans ces différentes circonstances, le travail n'est vraiment pas très dur, et, quand le cheval est en bonne condition et qu'il est monté par un homme raisonnable et expérimenté, avec des moyens très ordinaires, un peu de fond et un bon tempérament, un animal relativement médiocre peut rendre de très grands et longs services.

Sauf de rares exceptions dans le monde des veneurs, il est d'usage de se monter de chevaux d'un très petit prix ; quand on achète un cheval pour une saison seulement, avec l'intention de s'en défaire à la fermeture, on peut se contenter d'un animal ayant, comme disent les marchands, « beaucoup à refaire » ; encore faut-il que cet « à refaire » ne soit pas excessif ; il faut que les tares et les défauts que vous tolérez à votre cheval de chasse ne soient pas cependant de nature à l'empêcher de vous faire le service auquel vous le destinez.

Pour atteindre le but que vous désirez — à savoir chasser toute la saison avec un ou deux chevaux bon marché — il faut faire trois opéra-

tions assez délicates, sur lesquelles nous allons essayer de vous donner, non pas notre opinion, mais le résultat de notre expérience, qui, malheureusement, est déjà de bien vieille date :

1° Choisir et trouver le cheval ;

2° Le mettre en condition, c'est-à-dire le préparer, l'entraîner, de manière qu'il soit capable de supporter les fatigues de la chasse ;

3° Une fois prêt, vous en servir de manière qu'il puisse conserver ses membres et sa respiration, durer la saison et même plusieurs autres s'il en est capable.

Il faut avant tout que votre cheval puisse bien vous porter, et, pour bien le choisir, il faut absolument mettre de côté tout amour-propre relatif à vos qualités physiques et ne pas faire comme un de mes voisins, grand juste comme son couteau de chasse et gros comme le manche de son fouet, qui avait acheté un petit boulonnais très commun, lui avait fait raser la crinière et couper la queue à la Jutard.

Ce microbe sportif, sur ce paisible et puissant dada, avait l'air d'une mouche sur une huche à pain et disait, en essayant de grossir sa voix de gardien du sérail : « Ce cob est fort comme un hercule ; il me porte comme un oiseau. »

Il ne faut pas faire non plus comme le gros X., qui pèse tranquillement ses 150 kilos et qui monte — ou plutôt écrase — des petits tarbéens, sous prétexte qu'il n'y a que les chevaux ayant du sang qui portent bien le poids — ce qui du reste est exact. Il est vrai

« qu'il monte si légèrement ! » Monter légèrement, c'est ne pas s'asseoir sur la selle et s'appuyer seulement sur les étriers !

— Mais le pied sur les étriers se fait sentir sur les courroies, et de là sur la selle, et de la selle sur le dos...

— Il n'y a pas de « mais », c'est connu.

Il paraît que les chevaux adorent çà et portent ainsi, sans s'en douter, les hommes les plus lourds, tous vous le diront : pas les chevaux, les hommes lourds.

Si vous êtes léger, la question est bien simplifiée, vous pouvez choisir dans toutes les espèces ; la difficulté n'est sérieuse que quand on est lourd et jeune : lourd et vieux, on ne marche pas, et les chevaux qui portent bien le gros poids aux petites allures se trouvent encore assez facilement; mais ceux qui le portent vite et longtemps, c'est différent.

Une erreur assez répandue est celle qui consiste à croire que tous les chevaux ayant du gros portent bien le poids, et il est fort imprudent de les acheter pour cet usage sans les avoir essayés, car un cheval ayant beaucoup de gros a besoin d'une énergie, d'un influx vital, d'une densité et d'une solidité de tous les tissus de beaucoup supérieure à la moyenne pour pouvoir impunément mouvoir sa propre masse aux allures vives.

Aussi les chevaux ayant de très gros os, des tendons volumineux et un volume de chair ordinaire, ont-ils beaucoup de chance de se bien comporter sous le gros poids. Les gros cobs sont presque toujours très mous et sans aucun train.

En résumé, la seule manière de savoir si un cheval peut vous porter, c'est de le monter. S'il reste calme au montoir et complètement immobile une fois que vous êtes sur son dos, s'il ne cherche pas à se mobiliser en avant, en arrière ou latéralement, s'il attend dans un repos complet l'action des aides avant de se mouvoir : il y a de grandes présomptions qu'il vous portera facilement ; c'est à la montée et à la descente que l'on sent le mieux si le cheval souffre du poids.

Quelle que soit sa race, sa taille et son modèle, le cheval qui a de bonnes jambes, de bons poumons et un bon tempérament avec un bon train moyen sera toujours suffisant pour chasser en France, où il sera toujours assez vite et pourra toujours passer partout.

Ne prenez jamais un trop jeune cheval : il deviendrait boiteux en deux chasses et pourrait contracter des tares indélébiles ; ni un trop vieux, parce qu'après les chasses un peu dures, il ne mangerait pas et resterait raide trop long-temps avant de pouvoir reprendre son service. Les chevaux de pur sang peuvent chasser à

quatre ans ; les demi-sang, à six ans au plus tôt.

Quant à la vieillesse, c'est absolument une question de fait, qui dépend uniquement de l'état de conservation ; mais, en général, un cheval à douze ans est au bout de son rouleau, et, quand il a deux ans de chasse dans les jambes, c'est beaucoup.

Il faut donc, si on l'achète, le payer en conséquence.

Une erreur que commettent presque tous les veneurs est d'acheter trop tard le cheval destiné à chasser et de s'en servir par suite avant d'avoir pu le mettre en condition.

Acheter un cheval pour la saison seulement est la pire des combinaisons. On commence par prendre un cheval d'un petit prix, sous prétexte qu'il ne fera que la campagne et qu'il sera revendu à la fermeture; on l'achète quinze jours avant la chasse ; il claque au bout d'un mois — quelquefois moins ; — on est trois semaines avant d'en trouver un autre. Celui-ci claque à son tour, et ainsi de suite trois ou quatre fois dans l'année. En somme, on a été à pied une moitié de la saison et très mal monté pendant l'autre, après avoir dépensé, en pertes et en frais de toute nature, le prix de deux très bons chevaux.

Le mieux, pour ceux qui chassent aux environs de Paris, est de louer pour la saison un ou deux chevaux dans les établissements qui ont fait une spécialité de ce genre de location.

Ils ont des chevaux assez bien choisis, très bien mis en condition, très honorables de modèle, d'état et de soins, et avec lesquels on évite les inévitables et si nombreux ennuis que causent un homme et des chevaux en déplacement, tout en réalisant une sérieuse économie.

Trouver un cheval prêt à chasser, assez entraîné, c'est presque impossible; cependant pour ceux qui ne tiennent pas au modèle et qui chassent dans des pays où l'on peut sans inconvénient, se présenter au rendez-vous avec un cheval de médiocre apparence, il y a deux moyens de trouver des chevaux très entraînés, très en haleine et à très bon compte : ce sont d'abord les chevaux des commis-voyageurs, qui se démontent à la fin de septembre et vendent leurs chevaux aux petits maquignons de province. Ces chevaux viennent de courir les routes avec de lourdes voitures depuis le printemps; quand il leur reste des jambes et un peu de train, ils ont, à coup sûr, assez de fond pour chasser.

Il y a, d'autre part, aux environs de Paris, à Robinson, à Saint-Germain, à Enghien et à

Montmorency, dans les bois des environs de
Versailles, des loueurs de chevaux de selle
qui servent aux étudiants des deux sexes, au

gentlemen des magasins de nouveautés, etc.
Ce que ces malheureux animaux font de travail
tout l'été, ce qu'ils exécutent de courses folles
dans des chemins impossibles, sous leurs ca-
valiers aussi ignorants du danger que de l'équitation, est incroyable.

A la fin des vacances, tous ces loueurs ven-

dent leurs chevaux. Ceux qui galopent un peu
et qui mangent bien peuvent chasser encore,
je vous en réponds, et la forêt la plus dure
leur semblera un paradis.

Pour être monté sérieusement et avoir un
cheval qui vous fasse plaisir à manier et à regarder, il faut le payer un prix raisonnable, de
1.500 à 3.000 francs. Cherchez et fouillez longtemps dans les écuries qui ont le cheval fait; ne
le prenez pas trop vieux — sept à huit ans au

plus. — Si vous vous donnez la peine de choisir avec soin votre cheval, si vous le mettez en condition avec les précautions nécessaires,

vous aurez toutes les chances de le conserver un certain nombre d'années.

Presque tous les marchands consentiront à vous louer à l'essai, pour quelques semaines, l'animal que vous aurez choisi ; c'est une excellente précaution qui vous évitera bien des mécomptes.

Supposons que vous avez trouvé le cheval de vos rêves, beau, sage, vite ; avec assez d'actions, pas trop, mais ce qu'il en faut pour être agréable, adroit, d'une bonne nature, mangeant bien ; il s'agit maintenant de le mettre en condition, de l'entraîner de manière qu'il supporte impunément les fatigues et les efforts de la chasse à courre. C'est cette mise en condition, ce travail préparatoire, que nous allons étudier ensemble, si vous le voulez bien.

CHAPITRE II

LA MISE EN CONDITION

Ce qu'on appelle vulgairement la « condition » est l'état de résistance proportionnelle à
l'effort spécial imposé à l'organisme ; la condition n'est donc pas un état absolu, mais au contraire essentiellement relatif ; l'état de résistance à donner à un cheval de course auquel
on demande le maximum de l'effort possible à
la machine animale n'est pas le même que celui qui sera nécessaire au cheval de chasse ;
le résultat à obtenir est tout différent, l'effort

demandé est bien loin d'être le même ; aussi les
moyens à employer pour cette mise en condition doivent-ils être tout autres que que ceux
employés pour le cheval de course.

La précaution la plus importante pour arriver

à une condition rapide est sans contredit la
gradation régulière dans l'augmentation du travail ; tous les hommes de sport se rendent
compte par l'expérience personnelle de la vérité
de ce principe.

Quand vous vous entraînez pour l'ouverture
de la chasse à tir, si vous avez soin de commencer le premier jour par un travail de quelques kilomètres, que vous augmenterez tous

les jours en vous gardant bien d'aller jusqu'à la fatigue, vous arriverez rapidement à faire trente kilomètres dans la journée sans en souffrir ; si, par un effort prématuré, vous faites plus que vous ne pouvez et que vous attrapiez une courbature, vous retardez pour plusieurs semaines votre complet entraînement.

Il en est de même pour le canot, l'escrime, la gymnastique, l'équitation ; l'effort régulier gradué avec patience est le moyen le plus rapide d'arriver à l'endurance.

Revenons à votre cheval. Nous supposons qu'il est comme la moyenne, ni trop bon ni trop mauvais, et capable de devenir un cheval de chasse ordinaire ; il faut d'abord se rendre compte exactement de ce qu'il peut faire, le monter et, sur une route ordinaire, faire un temps de trot un peu vif. S'il fait quatre à cinq kilomètres sans suer, c'est qu'il est déjà un peu engrainé et qu'il est habitué à un travail de hack ordinaire, et on pourra lui éviter les suées.

Si, au contraire, au bout de trois ou quatre kilomètres, il bat à la main en secouant la tête de haut en bas, s'il mouille, il est indispensable

de lui donner des suées (à moins qu'il ne soit
maigre; dans ce cas jamais de suées; mais il
est probable que vous n'avez pas consenti à
acheter un cheval en mauvais état, si beau qu'il
soit); s'il est au contraire assez gras, si les chairs

sont un peu molles (ça peut arriver à tout le
monde), s'il a le ventre un peu gros (il n'est
pas le seul malheureusement), il faut d'abord
et avant tout le faire suer; c'est une opération
qu'il faut faire avec soin et qui n'est pas sans
danger; il faut éviter d'abord les refroidisse-
ments, ensuite la réabsorption de la sueur
par la peau, qui, à cause de ses principes aci-
dulés, coagule le sang, en empêche la circula-

tion, congestionne les poumons et cause les
fluxions de poitrine ; c'est pour cette cause
que l'usage de la flanelle, qui joue le rôle d'é-
ponge et empêche la réabsorption, est recom-
mandé aux personnes exposées à transpirer.

En outre, une suée excessive cause une courbature, empêche le cheval de manger et retarde
énormément le travail.

Pour éviter ces graves inconvénients, il faut
mettre au cheval, sous la selle, suivant la température, deux ou trois couvertures, à la française, fermant au poitrail, assez grandes pour
qu'elles couvrent bien du garrot à la queue et
qu'elles se rejoignent sous le ventre, une fois

bien maintenues par les sangles de la selle ; de
plus, un camail épais (un seul suffit). Vous
prendrez ensuite une couverture de toile dite
chemise, dans laquelle vous placerez quatre fla-

nelles, une éponge, deux serviettes et un couteau de chaleur ; vous ferez du tout une paquetage que vous fixerez à la selle.

Faites monter un homme et suivez vous-
même sur un autre cheval ; allez à un pas
assez actif à environ trois ou quatre kilomètres
de l'écurie, à l'endroit le plus convenable possible pour donner un galop, une bonne ligne de

forêts, ou à travers champs, si vous êtes dans un pays de plaines; défaites le paquetage et mettez-le à terre et donnez le galop vous-même, autant que possible, le train demande

à être réglé avec beaucoup de tact; le but à obtenir est une transpiration abondante, sans trop fatiguer les membres; trop vite, la violence des efforts expose les tendons et les articulations; pas assez vite, il faut trop de temps pour obtenir une transpiration suffisante, et la longueur du galop, la durée des efforts, quoique moins violents, sont encore un danger ; la course au pas accéléré que vous venez de faire a déjà ouvert un peu les pores de la peau, et mille à douze cents mètres à un bon galop de chasse, calme et bien allongé, suffisent largement.

Il faut combiner votre parcours de manière à terminer votre galop exactement à l'endroit où vous avez laissé votre paquetage, l'homme et votre cheval ; aussitôt arrêté, vous descendez de cheval, vous l'attachez à une branche, à une barrière, ou vous le tenez à la bride avec le vôtre ; vous recommandez à l'homme de faire très lestement et vivement le travail suivant : découvrir complètement le cheval et passer rapidement le couteau de chaleur; après quoi on doit bien frotter avec l'éponge sèche, principalement les parties que le couteau ne peut pas atteindre, ensuite on achève de sécher autant que possible avec les deux serviettes.

Vous faites mettre sur la peau la couverture de toile, ensuite la couverture de laine qui était au-dessus pendant le galop et, en troisième et dernier, celle qui était au-dessous pendant ledit galop et qui est mouillée et imprégnée de sueur. Vous sellez avec le même soin qu'au départ, en réunissant bien toutes les couvertures sous le ventre avec les sangles pour que le cheval soit bien enveloppé ; vous mettez les flanelles aux quatre jambes ; vous faites un paquetage de votre couteau de chaleur, de l'éponge et des serviettes, dans le camail ; vous laissez ainsi le cheval tête nue à l'air, ce qui a l'avantage d'éviter les congestions, plus fréquentes qu'on ne le croit dans ce cas, et vous faites retraite au tout petit pas.

Une fois à l'écurie, si le cheval n'est pas absolument sec, vous le bouchonnez jusqu'à ce

qu'il le soit ; après quoi vous faites un pansage
complet ; le meilleur moment pour donner une
suée est à dix heures du matin, la digestion du
premier repas est terminée, et tout le travail
et les soins donnés au cheval ont pu se faire facilement avant l'avoine de midi. Le lendemain
de la suée, il faut donner une promenade de

deux heures au pas et en couverture ; une seconde suée dans les mêmes conditions le second jour ; promenade le lendemain, et ainsi
de suite.

Trois suées en moyenne suffisent ; pendant le
travail des suées, il faut donner tous les jours,
après le repas du soir, un barbotage que le cheval prend pendant la nuit en tirant sa paille ;
c'est une excellente préparation à la purgation
qui doit toujours suivre les suées et qui a pour

objet d'achever la chute du ventre et d'activer énormément l'appétit et les fonctions digestives, dont l'énergie sera indispensable pour la bonne assimilation de la ration abondante qui va être donnée au cheval pour acquérir le surcroît de force qu'on veut lui donner et supporter le travail qui va lui être imposé.

Vous savez comment on purge un cheval, mais vos hommes l'ignorent peut-être, et vous pourriez oublier de leur dire qu'il est indispensable que la purgation soit précédée de quelques jours de barbotages et qu'elle soit administrée absolument à jeun, c'est-à-dire que le cheval n'ait rien mangé depuis la veille à midi.

et qu'il ne faut rien donner à manger pendant que la purgation fait son effet ; seulement du barbotage très clair ; sans cela vous avez de grandes chances d'indigestions, suivies de mort. Ne m'en veuillez pas de vous faire penser à cet important détail.

La purgation a aussi l'excellent effet de dissiper complètement la demi-courbature et la raideur causées inévitablement par les suées.

Il est très important de commencer par un travail au pas à travers champs, de deux heures environ par jour, et ce pendant une quinzaine, pour rendre le cheval adroit et lui apprendre à marcher dans les terrains inégaux et dans les labours, où il fera des fautes fréquentes les premiers jours, et surtout pour donner aux articulations inférieures du pied et du boulet la gymnastique particulière du mouvement, dans les terrains de chasse, toujours plus profonds et plus mous que les routes et qui, par conséquent, demandent des flexions beaucoup plus considérables des angles articulaires. Ces flexions inaccoutumées causent de grandes fatigues et produisent des tares quand elles sont imposées aux membres avant qu'ils y soient préparés par un travail préalablement gradué ; il faut donc le commencer au pas.

Il est également très important pour la sole, la fourchette et les talons, de les habituer au

rôle nouveau qu'ils vont jouer; sur les routes, le terrain est dur et le cheval, au lieu de marcher sur son pied, c'est-à-dire la sole et la fourchette, marche sur son fer ; la fourchette et la sole restent suspendues en l'air et ne participent pas à l'appui, comme la nature l'a prévu en destinant les plantes des pieds en général à cet usage; le malheureux cheval est condamné à marcher différemment que tous les autres êtres de la création, qui marchent sur leurs pieds. Le cheval de chasse, qui va travailler à travers champs, en forêt, où le terrain est toujours malléable, souvent très profond, va être obligé de marcher sur ses pieds et non pas sur ses fers ; c'est à cet exercice absolument nouveau pour lui, qu'il faut le préparer.

Avec la ferrure française ou anglaise, la sole ou la fourchette sont « parées », c'est-à-dire amincies avec soin ; leur volume normal est diminué, et leur rôle naturel de coussins préservateurs destinés à annuler ou à amortir les chocs du pied sur le sol pendant le mouvement, sont sensiblement diminués et deviennent insuffisants pour préserver de la contusion les parties vives et sensibles qui sont contenues dans la boîte cornée, le sabot ; dans les terrains de chasse, le fer enfonce jusqu'à ce que la fourchette et la sole arrivent à l'appui et supportent leur partie du poids du cheval ; mais, comme elles n'ont pas le volume nécessaire et prévu par la nature pour supporter impunément cette pression, il en résulte que les parties qu'elles sont destinées à préserver deviennent douloureuses au bout de

très peu de temps, que les parties sensibles
contenues dans le sabot se contusionnent, que
la marche est pénible, que les parties voisines
des pieds, comme les boulets et les tendons,
s'engorgent, que des désordres plus ou moins

graves se produisent et que l'usage du cheval
à la chasse se trouve retardé et même absolument empêché. Il est donc de toute nécessité
de rendre à la sole et à la fourchette l'habitude
de leur fonction naturelle, par un travail au
pas de deux semaines environ; après ce temps
vous commencerez le travail au trot dans la mesure que nous allons indiquer. Le moyen d'éviter
les inconvénients que nous venons de signaler,

serait l'usage de la ferrure Charlier, ferrure sur laquelle nous donnerons plus tard une étude qui prendrait trop de place dans ce chapitre, mais qu'il est nécessaire de conseiller à tous les veneurs soucieux de conserver leurs chevaux.

Le regretté M. de Carayon-Latour, après une longue et concluante expérience, a fait de grands efforts pour vulgariser l'usage de cette ferrure, dont les avantages, du reste, ne sont plus discutés aujourd'hui que par des ignorants ou des vaniteux qui se sont prématurément prononcés, sans avoir eu de suffisants éléments d'appréciations et que l'amour-propre empêche de revenir sur une première opinion imprudemment émise. Pour le moment, contentons-nous de signaler l'intérêt qu'il y a à éviter aux pieds et aux articulations inférieures les efforts prématurés qui seraient le résultat des allures vives sur les terrains de chasse sans préparation, et la nécessité de commencer le travail de la mise en condition par un exercice au pas suffisamment prolongé.

Pour les raisons que nous venons de donner, on fera faire tous les jours deux heures de travail à travers champs, sans rechercher les labours de préférence, mais aussi sans les éviter. Il faudra, autant que possible, varier les parcours, de manière à faire passer le cheval sur le plus de natures différentes de terrains

possible. C'est le meilleur moyen de le familiariser avec les petites difficultés du débucher, ornières de chemins de traverse et de culture, sillons de séparation des champs, fossés, etc.

Au bout de huit jours, il sera bon de faire pendant le cours du travail, deux ou trois temps de trot très lent d'un kilomètre chaque, de préférence dans des terrains un peu mous.

L'ensemble de ce travail préparatoire devra durer une quinzaine de jours, après quoi commencera le travail au trot.

Dans beaucoup d'équipages, on se borne à envoyer les chevaux avec les hommes trotter sur les routes, sans graduer les distances ni la vitesse, sans méthode ni contrôle. Ce prétendu entraînement est beaucoup plus nuisible qu'utile.

Il faut commencer par six kilomètres en deux temps de trot intercalés dans une promenade de deux heures, exécutés à une bonne allure, mais sans pousser l'animal à sa pleine action. Vous augmenterez le parcours au trot d'un kilomètre tous les deux jours, jusqu'à ce que vous ayez atteint le chiffre de douze kilomètres. Si vous vous apercevez que ce travail est trop dur pour le cheval, qu'il est raide au départ, qu'il mange moins bien, vous diminuerez le parcours pendant un jour ou deux, pour reprendre ensuite la progression.

Remarquez bien que le cheval ne doit jamais être triste et fatigué ; il doit rester gai et frais, sinon c'est qu'il fait plus qu'il ne peut, et il faut immédiatement diminuer la dose de l'effort.

Arrivé au chiffre de douze kilomètres au trot, il faut commencer les galops et régler le travail de la manière suivante :

Sortir tous les jours deux heures, comme

d'habitude, ne plus faire que huit kilomètres aux allures vives au lieu de douze, soit, après une demi-heure de pas, deux kilomètres au trot et deux kilomètres au très petit galop suivi d'une demi-heure de pas et ensuite les quatre derniers kilomètres divisés comme les quatre premiers, soit deux au trot et deux au très petit galop.

Ce travail se fera seulement tous les deux

jours ; dans l'intervalle, on fera une sortie de deux heures au pas exclusivement.

Après huit jours de cet exercice, vous augmenterez le parcours au trot d'un kilomètre par jour, pendant quatre jours, de manière à

revenir aux douze que l'on faisait pendant le travail au trot et qui se trouveront divisés comme suit :

Huit kilomètres au trot et quatre au galop, toujours avec un intervalle d'un jour, avec deux heures de pas seulement, et le lendemain, travail aux allures vives.

Après quinze jours de ce régime, il faut faire une longue course d'une dizaine de lieues en

quatre heures et deux étapes séparées par un
repos d'une bonne heure ; si votre cheval n'a
pas sué, s'il a bien mangé, s'il n'est pas raide
le lendemain, vous êtes bien près du but.

Si, au contraire, il est fatigué, après un jour
de repos vous recommencez votre travail

comme il est indiqué plus haut, soit douze kilomètres tous les deux jours, aux allures vives,
et le lendemain, deux heures de pas. Au bout
de huit jours, vous recommencerez l'épreuve
de la longue course, et cela jusqu'à ce que votre
cheval puisse faire ses dix lieues lestement.
sans fatigue.

Quand vous aurez atteint ce résultat, il faudra le maintenir jusqu'aux chasses dans la con-

dition obtenue, avec des promenades tous les
jours d'une heure au pas avec un temps de trot
ou de galop bon train, de deux kilomètres, et,
une ou deux fois par semaine, une course de
quatre à cinq lieues aux allures vives.

Il ne faut jamais perdre de vue que le point
délicat, la vraie difficulté de cette préparation,
son efficacité, consistent uniquement dans
l'augmentation graduée du travail, et qu'il ne
faut jamais demander au cheval rien avant qu'il
en soit capable.

"Soyez bien persuadés que 500 mètres de trop

de galop suffisent pour faire chauffer un tendon, engorger une articulation, etc., et qu'alors tout est perdu : car, dès qu'on a dépassé la dose en entraînement, jamais on ne répare le mal fait. Un cheval trop tendu par le travail doit être mis au repos et repris seulement l'année suivante : tout ce que vous ferez en dehors de cela sera du temps et de l'argent perdus ; vous aurez un animal arrêté à chaque instant et qui ne vous rendra aucun service.

On n'obtient le cheval dur, résistant à toutes les épreuves quelles qu'elles soient, qu'après un entraînement long, et la vigueur. l'endurance, ne sont durables que quand elles ont été acquises par petites doses successives : la marche en avant ne doit jamais être interrompue, parce qu'elle ne peut pas être reprise.

La méthode de la mise en condition du cheval de chasse est très simple: la seule difficulté, c'est la continuité et la mesure dans le travail ; on ne peut pas s'imaginer ce que peuvent faire des chevaux bien en condition et bien soignés, les courses qu'ils peuvent supporter impunément, etc.

Rien n'est de mauvais goût comme de parler de soi et de ses chevaux ; cependant je puis vous assurer que j'ai toujours obtenu d'excellents services d'animaux même très médiocres mais bien entraînés et que tous ceux qui ont été mis en chasse trop tôt ont presque toujours été réformés avant la fin de la première saison.

Une fois bien mis en condition, si on s'en sert avec sagesse, un cheval dure à la chasse de longues années, et, avec un travail doux et de bons soins pendant l'été, il est très vite prêt pour reprendre en automne son travail de chasse ; quoi qu'en disent certains pontifs sur l'art de soigner les chevaux, il est universellement reconnu que la mise au vert est un moyen excellent de remettre les membres, en ayant soin de maintenir toujours une ration d'avoine d'au moins 8 litres par jour ; le régime du vert ne doit pas être un abandon complet dans un herbage et une simple mesure d'économie de nourriture et de main-d'œuvre ; ce doit être une mesure de conservation, et elle est des plus efficaces quand elle est prise dans les conditions suivantes: 8 litres d'avoine par jour au minimum : l'herbage doit toujours contenir un bon box spacieux où le cheval se retire à son gré et où on l'enferme dans les très mauvais temps.

Il est indispensable, dans la saison des mouches, de rentrer toute la journée tous les chevaux au vert, non seulement les chevaux de chasse, mais les poulinières et les élèves de tout âge, car l'agitation incessante que leur causent les attaques de l'insecte les épuise de fatigue, les empêche de manger, les énerve, et

4

ils dépérissent considérablement, sans compter que les yeux s'enflamment et que beaucoup de cas de cécité n'ont pas d'autres causes que ces violentes et longues inflammations.

Il faut absolument, pendant toute la saison  des mouches, rentrer les chevaux le matin au jour, leur donner à l'écurie leur ration d'avoine, dans le milieu de la journée, en une seule fois, et les relâcher le soir au coucher du soleil ; ils passent leur nuit tranquillement à la fraîche, se promènent, prennent de l'exercice, mangent et digèrent avec calme.

Pour compléter le régime du cheval de chasse au vert, il est excellent de le monter deux fois par semaine pendant quelques heures, afin de continuer à entretenir dans toute leur puissance les fonctions des organes de la respiration pendant les allures vives.

Cette digression nous amène à parler de l'importante question de l'alimentation du cheval de chasse : sur ce point, les idées varient à l'infini ; chacun a son système, et les malheureux chevaux sont soumis quelquefois aux régimes les plus extraordinaires.

L'important est que le cheval mange en quantité suffisante des aliments de bonne qualité. Les grands principes de l'alimentation sont très simples et bien connus; ils sont les mêmes pour le cheval de chasse que pour les autres : régularité dans l'heure des repas, quantités suffisantes et qualité la meilleure possible.

Pendant la chasse, nourriture aussi tonique que possible, et éviter le plus possible la monotonie alimentaire qui engendre souvent la paresse de l'estomac. Donnez au cheval le plus de plats possible à son dîner ; le système de nourrir exclusivement le cheval avec de la

paille et de l'avoine, très usité par les petits jeunes gens qui sortent du collège, est très mauvais ; le préjugé que le foin est une mauvaise chose et qu'il rend poussifs les chevaux qui travaillent aux allures vives n'existe pas en Angleterre, où tous les chevaux de chasse et même de course mangent du foin et même beaucoup et pas de paille ; il est vrai qu'on n'y répète pas de père en fils, comme chez nous, sans savoir pourquoi, ce proverbe qui n'a absolument de raison d'être que la rime, qui n'est même pas juste : « Cheval de paille, cheval de bataille ; cheval de foin, cheval de rien. »

L'analyse chimique démontre que la paille ne contient presque aucun principe alimentaire et n'est composée presque que de cellulose, c'est-à-dire qu'elle ne s'assimile pas et ne se décompose pas par l'action de l'estomac ; le foin, au contraire, est un aliment complet, qui contient à haute dose tous les principes alimentaires ; en conséquence, le beau jeune homme qui en prive son cheval pour lui donner de la paille, pour être logique et suivre personnellement le même régime alimentaire, devrait à déjeuner manger ses cure-dents et renvoyer sa côtelette à l'office.

Avec du bon foin, de l'avoine, des féverolles et des carottes, vous pouvez composer une excellente ration, dans une quantité qui doit varier suivant les chevaux, car l'idée que tous les chevaux doivent manger la même quantité est aussi juste que celle de vouloir que tous les hommes aient exactement le même appétit et les mêmes besoins alimentaires.

Une bonne ration moyenne pour le cheval de chasse, qui dépense beaucoup et qui par conséquent a besoin de beaucoup réparer, est de 5 kilos de bon foin donné en quatre fois dans les vingt-quatre heures, la plus grande partie au repas du soir pour être mangée pendant la nuit, 12 litres d'avoine, 4 litres de féverolles et 3 kilos de carottes.

Les mâches chaudes ou froides, le sel de nitrate, le sulfate de soude ou sel de Globert, administrés fréquemment et régulièrement, sont de très mauvaises choses : ce sont des médicaments qui affaiblissent l'estomac et qu'il ne faut donner qu'en cas de maladie : le meilleur des régimes est de laisser la nature agir avec ses propres forces, de laisser les organes fonctionner naturellement; il ne faut venir à leur secours avec des stimulants pharmaceutiques que quand ils sont malades, et, avec cette manie de droguer les chevaux, il arrive que, quand

ils sont malades, le sel de nitre et le sel de Globert, auxquels ils sont habitués, ne font plus
rien et que vous êtes obligé d'avoir recours à des
doses difficiles à administrer. L'alimentation
du cheval doit être basée sur ce principe que
son estomac
est d'un très
petit volume,
que sa puis-
sance digestive
est très active
et la digestion
stomacale re-
lativement ra-
pide, que par
conséquent il

est organisé pour les repas fréquents et à
petites doses, d'où il suit que, plus vous divi-
serez la ration dans les vingt-quatre heures,
plus vous vous rapprocherez des conditions
prévues par la nature.

La théorie de la ration donnée en deux repas ou même en un seul pour les vingt-quatre
heures, sous prétexte de donner au cheval une

habitude qui lui éviterait en campagne les privations causées par des repas irréguliers, est absolument fausse; ce n'est pas impunément que vous pouvez contrarier les besoins prévus par la nature et en raison desquels elle a conçu le mécanisme général de l'organisme; cette bonne nature, qui a prévu bien des choses, a prévu aussi la lacune accidentelle dans le fonctionnement des organes, et elle leur a donné une force de résistance proportionnée aux chances d'interruption probables aux fonctions vitales.

L'air ne manque nulle part et en nulle saison, et il ne peut faire défaut dans les conditions ordinaires de la vie que pendant de courts instants; aussi les poumons ne peuvent-ils en manquer impunément que quelques minutes; il en est autrement pour l'alimentation, qui peut, pour une infinité de motifs, faire faute pendant longtemps; aussi le jeûne accidentel peut se prolonger impunément relativement très longtemps.

L'espèce humaine en a donné dernièrement des exemples célèbres.

Le cheval peut également supporter un jeûne assez long dont j'ignore le maximum de durée, mais je puis citer un fait qui prouve qu'il peut rester impunément huit jours à une diète absolue.

En 1872, j'ai prié M. Peyraube, directeur de l'École de dressage de Tarbes, de me choisir cinq paires de poneys des Landes et de me les expédier à Paris ; les poneys furent, par les soins de M. Peyraube, mis tous les dix en liberté dans un wagon-vachère et, par précaution, pour les empêcher de jouer ensemble et de se mordre, il leur fit mettre, solidement attaché, un licol, des muselières en filets à larges mailles qui leur permettaient de respirer, mais qui empêchaient les coups de dents.

Je fus avisé par une lettre d'avis de l'expédition et du départ. Ne voyant rien arriver au bout de trois jours, j'envoyai une dépêche à Tarbes : les poneys étaient bien partis, mais on avait perdu leurs traces, et personne ne pouvait m'en donner de nouvelles.

C'était au mois de décembre ; il faisait un froid de loup et une neige très épaisse. Le matin du huitième jour, un employé de la gare d'Orléans vint m'annoncer que le wagon de poneys venait d'arriver en gare, qu'il avait été remisé par erreur à Bordeaux dans une manœuvre et qu'il était resté tout ce temps dans une remise de vieux matériel où on l'avait retrouvé par hasard.

Je cours à la gare d'Orléans avec mon vétérinaire où nous trouvons les dix pauvres petites bêtes grelottantes, avec leurs filets au nez ; elles n'avaient ni bu ni mangé depuis Tarbes.

On leur administra de la nourriture avec les précautions voulues, et pas une ne fut malade, et toutes firent un excellent service.

Il est évidemment déraisonnable, en vue
d'un jeûne accidentel, que peuvent imposer les

nécessités de la guerre ou de la chasse, de
suivre pendant des années un régime continu
qui peut et doit détraquer l'estomac, avoir le
plus fâcheux résultat sur la santé générale et
diminuer la force et la vigueur, puisqu'il est
en contradiction absolue avec la structure de

l'estomac, et cela dans le seul but de parer à une éventualité qui ne se produira peut-être qu'une fois ou deux, peut-être même jamais dans la vie de l'animal et que la nature a prévue en donnant à l'organisme une endurance et une force de résistance énormes au manque de nourriture, en lui permettant de vivre accidentellement très longtemps sur sa propre substance, sans aucun inconvénient grave.

En résumé, les conditions d'une bonne alimentation sont, avant tout : nourriture abondante, de bonne qualité, composée d'éléments aussi variés que possible; ration administrée avec une grande régularité, à petites doses, et repas aussi nombreux que le comportent les nécessités du travail.

CHAPITRE III

LE DRESSAGE SUR LES OBSTACLES

Quoique les obstacles soient très rares en France, excepté à Pau et dans l'Anjou, il n'en est pas moins intéressant que le cheval de chasse sache sauter et soit surtout adroit, qu'il comprenne bien la somme d'efforts nécessaire pour franchir l'obstacle qu'il a à traverser, qu'il conserve le calme nécessaire pour le bien juger et ne pas faire trop, mais faire assez.

Tous les chevaux, ou presque tous, se comportent, devant l'obstacle, des trois manières suivantes :

1° Ils se dérobent : c'est le grand nombre ;

2° Les chauds, les ardents, sautent trop haut ou trop large, souvent les deux ensemble, et tombent, si le terrain, pour se recevoir, est mauvais ;

3° Les froids, les dociles, les résignés, faute d'impulsion suffisante, tapent dans la hauteur et tombent dans la largeur.

Ces trois accidents sont le résultat de l'inexpérience et du manque de dressage suffisant. L'expérience, elle est difficile et longue à acquérir dans des pays comme le nôtre, où l'on ne passe que de temps à autre un fossé de route en débucher ou en bordure de forêt, dans les cas bien rares où il n'y a pas un chemin pour passer.

Le dressage est assez long et difficile : le résultat est loin d'être toujours très satisfaisant ; aussi combien il est rare d'avoir un cheval qui aborde l'obstacle tranquillement, sans émotion,

sans activer son action ; qui passe avec précaution et intelligence, sans secousse, assez haut,
et qui continue de l'autre côté du même train,
sans surcroît d'animation, qui n'hésite jamais
et ne fait pas de fautes.

Le meilleur moyen, le seul peut-être d'arriver à ce résultat, est le dressage actuellement
employé dans l'armée : le travail au caveçon en
cercle sur une barre fixe ou mobile ; j'ai vu ce
système employé avec un sentiment et un tact
extraordinaire par un homme de cheval de
premier ordre, le comte Raoul de Gontaut-

Biron, qui en obtient des résultats merveil-
leux : il fait de tous les chevaux, sans excep-
tion, non pas des sauteurs de premier ordre,
mais, dans la limite des moyens de l'animal, il
le rend d'une franchise absolue, et d'une

adresse qui supprime complètement le panache.

Voici sommairement la manière de dresser
très vite, avec ce système, un cheval de chasse.
Il faut d'abord avoir deux poteaux fixés en
terre, ou munis de pieds en croix, suivant
qu'on dispose d'un terrain où ils seront en
permanence, ou bien que l'on soit forcé de
changer l'endroit du travail.

Ces poteaux sont percés de trous, distants
de 10 centimètres les uns des autres de manière que le plus bas soit à 10 centimètres
du sol, et le dernier à 1^m,20; chaque poteau

sera muni d'une traverse en fer munie d'un
anneau assez grand à une de ses extrémités;
cette traverse sera d'une grosseur qui lui per-
mettra de passer très facilement par les trous,
et assez longue pour que la barre puisse s'y
appuyer très facilement; la barre en bois très
légère, mais solide, d'un diamètre de 10 centi-

mètres environ, doit avoir 4 bons mètres de longueur.

La leçon se donne de la manière suivante :

Vous placez les poteaux à la distance néces-saire pour que la barre, posée sur les traverses,

les dépasse de 30 centimètres environ, de ma-nière qu'elle puisse, une fois tombée, être remise rapidement en place; elle sera placée en croisant les deux poteaux, c'est-à-dire, qu'un bout de la barre sera sur la face gauche d'un poteau et sur la face droite de l'autre, de de manière qu'elle tombe facilement, quel que soit le sens dans lequel elle sera touchée, puisqu'un seul des deux poteaux seulement sur chaque face fait résistance : il faut un homme à chaque poteau qui relève lestement la barre quand elle tombe, ou qui la baisse ou l'élève au cran indiqué par le dresseur ; le cheval, nu, porte un caveçon ordinaire, léger et bien rem-

bourré sous la muserolle ; une longe de 5 mètres sera attachée à l'anneau du milieu du caveçon. Comme on change de main souvent dans le travail, il serait trop long de changer la longe de côté, si on la bouclait sur les faces.

La barre est d'abord placée par terre ; le dresseur, la longe dans la main gauche et une chambrière de moyenne grandeur dans la main droite, vient se placer contre un des poteaux, en ayant bien soin de se mettre de manière à avoir la barre à sa gauche quand le cheval est sur la piste à gauche, et à sa droite quand le cheval travaille à main droite, pour que la partie de la barre qui dépasse le poteau ne vienne pas le heurter quand elle tombe ; les hommes d'écurie chargés de ramener la barre prendront la même précaution ; celui qui est du côté du dresseur restera derrière lui.

En amenant le cheval à la barre, on le laisse un instant arrêté, de manière qu'il ait le temps de bien la regarder. Pendant ce temps, le dresseur le caressera et lui parlera pour le mettre bien en confiance.

Une fois bien calme, un des hommes d'écurie le prendra par le licol et lui fera décrire un cercle dont le dresseur sera le centre et la barre le rayon ; il lui fera faire au pas plusieurs tours en passant par-dessus la barre, jusqu'à ce qu'il la passe sans aucune appréhension ; sur l'ordre du dresseur, il lâchera le cheval et reviendra se mettre à son poste près du poteau.

Le dresseur fera faire encore au cheval plusieurs tours au pas, le fera changer de main plusieurs fois, puis il le mettra au petit trot, la barre toujours par terre ; il fera quelques tours, le changera plusieurs fois de mains, puis il fera mettre la barre au premier trou, soit à 10 centimètres du sol ; il maintiendra le cheval toujours au petit trot, mais sans le pousser ; il

doit passer la barre sans activer son allure. Après trois ou quatre tours, vous élevez au second train, soit 20 centimètres du sol ; il est important que la barre soit élevée sans que le cheval s'arrête ou interrompe son tour.

Pour que les hommes aient le temps de la manœuvre, il faut que le dresseur donne ses ordres immédiatement après que le cheval a passé, de manière qu'elle soit à sa nouvelle place avant que le cheval ait fini son cercle et qu'il maintienne toujours son allure ; de même, pour la relever quand elle tombe, le cheval ne doit jamais s'arrêter.

La barre est à 20 centimètres, le cheval toujours maintenu au petit trot ; aux premiers tours, il activera peut-être un peu son allure

avant de passer ; vous continuerez jusqu'à ce qu'il passe dans son train régulier ; à ce moment seulement vous ferez relever la barre d'un point, vous venez à 30 centimètres ; vous continuerez toujours à la même allure, en ayant bien soin de ne pas pousser le cheval sur la barre, mais de le laisser y aller tout seul ; ce n'est que dans le cas de paresse que vous activerez le mouvement, mais seulement pour maintenir l'allure, et ce, plutôt après le passage de la barre qu'avant Si, par hasard, ce qui est peu probable à cette hauteur, le cheval touchait et faisait tomber la barre, vous la faites remettre de suite avec les précautions et la rapidité indiquées plus haut, mais baissée d'un

cran ; cette mesure est nécessaire tout le temps du dressage : chaque fois que la barre tombe, la baisser d'un cran en la relevant, faire plusieurs tours et reprendre l'élévation progressive.

Arrivé à 60 centimètres, si le cheval montrait de la mauvaise volonté et voulait se dérober, il faudrait donner quelques coups de caveçons et l'attaquer avec la chambrière: mais, si vous avez suivi la progression avec tact, il n'est pas probable que la défense se produise ; quand le cheval marquera bien les deux temps du saut, qu'il passera bien les deux jambes de devant en s'enlevant, et qu'il repliera bien les deux jambes de derrière en retombant, qu'il ne pas-

sera plus d'un seul temps allongé, alors seulement vous augmenterez la hauteur, toujours de la même manière, baissant d'un cran quand la barre tombe, et relevant au bout de quelques tours ; il est presque certain que vous arriverez à un mètre dès la seconde leçon. Jusqu'à la fin du dressage vous commencerez toujours la leçon la barre par terre, en élevant progressivement.

Arrivés à un mètre, vous continuerez quelques leçons jusqu'à ce que le cheval ne touche plus du tout et passe son arrière-main très adroitement : pour la plupart des chevaux, cette hauteur est un maximum bien suffisant, mais il est très facile d'arriver avec le cheval nu à $1^m,20$, avec un sujet même médiocre.

Au bout de trois ou quatre jours, vous pouvez continuer le même travail monté, exactement dans les mêmes conditions de progression.

Il faut veiller avec soin que l'homme que vous mettrez sur le cheval ne vienne pas détruire ce que vous avez fait : premièrement, à ce qu'il ne pousse pas le cheval sur l'obstacle avec les jambes, et qu'il le laisse simplement arriver dessus en maintenant l'allure ; la seconde précaution, et la plus importante, est qu'il laisse à la tête la plus complète liberté au moment où le cheval s'enlève et où il passe, et que la main ne se

fasse sentir que très légèrement au moment où
le cheval se reçoit sur le sol, car, vous observe-
rez, pendant que le cheval saute en liberté, qu'il
allonge l'encolure et la tête et que ce mouve-

ment lui est indispensable pour pouvoir exécuter facilement le passage des membres pos-
térieurs ; il est donc nécessaire que le cavalier
ne le paralyse pas par un appui intempestif ou
en voulant exécuter le fameux « enlevé » par
la main ; pour cette raison, excepté pour les
hommesqui ont une excellente main, il vaut
mieux, en dépit des règles admises, laisser les

hommes d'écurie tenir d'une seule main et lever le bras en l'air en sautant ; de cette façon, ils n'ont pas la force nécessaire pour empêcher l'extension indispensable de l'encolure.

Quand votre cheval est très calme et passe

très sagement au trot, vous recommencez tout le travail au galop.

Quand votre dressage est terminé sur la barre, vous faites le même travail sur des fossés de différente largeur, sur lesquels vous mettrez une planche où se place le dresseur.

Le résultat de ce dressage est d'obtenir une extrême adresse, un examen et un jugement parfaits de l'obstacle par le cheval, qui lui fait faire exactement et seulement l'effort nécessaire pour le franchir ; pour passer les fossés de forêts couverts et cachés par des ronces et surplombés par de grandes berges, ces qualités deviennent précieuses et vous permettent de sauter impunément avec un bidet ordinaire là où les meilleurs chevaux, autrement dressés, refuseraient ou risqueraient de graves culbutes.

Le côté absolument caractéristique de ce dressage est de faire perdre absolument au cheval tout sentiment de résistance, et de lui retirer toute velléité de vouloir passer à côté de l'obstacle.

Je suis convaincu que ce phénomène est le résultat du travail en cercle, qui a une influence bien connue sur le cerveau.

CHAPITRE IV

PENDANT LA CHASSE

Maintenant que nous avons un cheval, présumé capable de chasser, il faut exposer la manière de le conserver le plus longtemps possible et étudier les conditions dans lesquelles il pourra remplir ses devoirs de cheval de chasse, c'est-à-dire marcher un vrai train et rendre de vrais services dans les mains d'un maître d'équipage servant ses chiens, ou d'un piqueux, et ce sans en souffrir ; nous ne parlons pas du monsieur qui se promène à cheval dans une forêt pendant qu'on y chasse, celui-là n'a pas besoin d'un cheval en condition, il peut marcher son petit train-train comme bon lui semble, nous n'avons pas à nous en occuper.

Il s'agit sinon d'être toujours aux chiens, ce qui n'est pas possible, du moins de toujours les entendre et savoir où ils sont ; de les rejoindre le plus souvent possible et de tâcher d'être là dans les moments critiques pour les servir, les aider, — et même leur faire faire une bêtise au besoin.

Quand le rendez-vous est très loin et qu'il faut envoyer les chevaux par un homme, il est très bon d'en donner trois au même, quand on les a ; il lui est beaucoup plus difficile de marcher grand train tout le temps ; les Anglais prétendent, avec raison, qu'il est préférable d'aller au rendez-vous et même de faire la retraite au petit trot de route, le « trot de chien », qu'ils appellent le « hunting », plutôt que de rester un très long temps à accomplir ces trajets au pas, que moins le cheval est de temps en route, moins il fatigue.

A moins qu'il ne fasse très froid, que l'on ait très loin à aller et qu'il faille partir de très bonne heure, il est bien préférable de ne pas couvrir les chevaux pour la route, car ils suent presque toujours en arrivant et se refroidissent, en attendant au carrefour, ou pendant l'attaque où l'on ne marche pas ; il faut, à moins de froid très vif, mettre les couvertures en paquetage et les mettre ensuite aux chevaux qui attendent au relais, ou le soir en retraite si le temps est mauvais.

Que vous ayez deux chevaux, même trois, ou un seul en forêt ;

quel que soit votre système de relais, le principe est toujours le même, il faut que la préoccupation constante du veneur soit qu'il ne faut pas dépenser inutilement une parcelle des forces de son cheval, parce qu'il ne sait jamais si même elles seront suffisantes pour faire l'ouvrage qui l'attend.

Il y a plusieurs manières de relayer, la nature des pays vous impose quelquefois une méthode plutôt qu'une autre ; il y a encore un assez grand nombre de systèmes ; le plus usité consiste à placer le cheval de relais à un point fixe. C'est très bon dans certaines forêts peu étendues, bien percées, où l'on débuche peu, et où la chasse tourne toujours ; mais dans les pays à parcours incertains, où les animaux prennent des partis dans des directions très

différentes, c'est une loterie, et très souvent votre second cheval ne vous sert à rien.

Le relais volant, qui consiste à changer le cheval de place et à le poster aux passsages probables, suivant les différents incidents de la chasse, est très dangereux ; il faut d'abord un homme connaissant très bien le pays, très chasseur, pour pouvoir se bien placer, et, s'il est très chasseur, il suivra la chasse tout simplement, de loin pour ne pas être vu, et, quand vous prendrez votre cheval, il aura fait autant d'ouvrage que celui que vous quittez. C'est un système déplorable.

Beaucoup de veneurs font toute la chasse avec le même cheval et laissent à l'écurie le second, qui fait la chasse suivante ; de cette manière, le cheval a un grand temps de repos.

Je me suis très bien trouvé, pendant de longues années, de faire l'attaque avec un cheval et de mettre le second avec les hardes, avec ordre de les suivre jusqu'au découpler et de le prendre à ce moment, et de renvoyer l'autre tout de suite à l'écurie ; le premier cheval ordinairement n'a pas grand'chose à faire jusqu'au moment où les chiens d'attaque sont arrêtés ; mais enfin, c'est toujours quelque chose, d'éviter ce peu à celui qui va chasser ; cette manière de relayer n'est possible que dans les équipages où l'on attaque avec quelques chiens et où on ne découple qu'après les avoir arrêtés ; dans ceux où on lâche tout aux branches, c'est impossible.

C'est une bonne chose que d'aller un peu

à l'avance, sur une des faces de l'enceinte, se mettre en observation ; outre qu'on peut ainsi rendre des services, on prépare son cheval aux allures vives en lui faisant passer par un bon temps de pas l'engourdissement des membres qui a pu se produire pendant l'attente au rendez-vous, sans compter que vous pouvez éviter ainsi l'animation et la dépense de force inutile qui se produit toujours dans un départ en peloton.

La seule manière de vraiment ménager son cheval est de toujours observer la nature du terrain, de regarder constamment et toujours devant soi, à au moins 50 mètres, de façon à faire passer le cheval d'abord là où il n'y a pas de danger, à éviter les pierres, les trous, les ornières ; il faut toujours penser à mettre les pieds du cheval là où ils seront le mieux, sur l'herbe s'il y a des bas côtés ; éviter les endroits mous et les tourbes profondes presque autant que les cailloux cassés pour réparer les routes ; quand il faut absolument passer sur un mauvais terrain très dur, chargé de pierres, ou très lourd, il faut diminuer le train pour affaiblir la violence du choc des sabots sur le sol, et les efforts pour les retirer des terres molles ; le temps que vous perdez ainsi est largement gagné par la force que vous économisez et dont

vous retrouvez l'emploi quand vous arrivez sur un bon terrain.

Une excellente habitude à prendre, qui vous évite bien des kilomètres et vous empêche souvent de perdre la chasse et, par conséquent, ménage énormément votre cheval, c'est de vous

arrêter souvent pour écouter. Remarquez que
presque toujours dans un bien-aller, où tout le
monde marche à fond de train dans une ligne,
on arrive au bout, et, avant de changer de di-
rection, on
écoute pour
savoir où al-
ler ; six fois
sur dix, on
n'entend
plus rien, et
on va au ha-
sard du côté
du parti pro-
bable, et qui
est rarement
le bon, et on

fait, à un train d'enfer, une foule de ran-
données inutiles, avant de retrouver la chasse,
qui a reculé ou qui a traversé la ligne derrière vous, ou qui s'est jetée de côté pendant que vous galopiez sans savoir pourquoi ;
tandis que, si vous vous étiez arrêté pour écouter, vous vous seriez maintenu aux chiens, et

vous auriez fait bien moins de chemin. C'est incroyable, combien est grand le nombre de gens, même très chasseurs, qui négligent cette manœuvre si simple et si connue.

Une faute très grave, et que l'on commet très fréquemment, est de monter une côte très

raide, même très courte, pour se raccourcir : l'effort que fait le cheval, dans ce cas, est extrême ; en quelques mètres, il se fatigue plus qu'en faisant des lieues en terrain plat ; vous causez des tares très graves aux articulations, ou tout au moins vous les prédisposez à les contracter très facilement ; de même, les organes de la respiration, poussés au maximum

de l'accélération, payent tôt ou tard cet excès
d'efforts. A moins de nécessité absolue, il vaut
mieux faire 2 ou 3 kilomètres au bon galop que
de monter une pente de 100 mètres très rapide.

Autant que possible il faut suivre au trot et
suivre les routes le plus qu'on peut, surtout en
débucher, à moins que la plaine ne soit très
bonne et que les labours ne soient pas encore
très avancés et que vous soyez dans un pays
que vous connaissiez parfaitement; car, si vous
tombez dans des terrains qui gardent l'eau,
vous pouvez vous embourber en pleins champs
jusqu'au genou et ne plus pouvoir avancer : il
faut revenir en arrière, alors c'est une chasse
perdue. Il est bien rare qu'il y ait avantage à
suivre à travers champs, excepté pour de très
petits débuchers de 1 à 2 kilomètres; mais,
quand il s'agit d'un grand parti, il n'y a pas à
hésiter, il faut absolument prendre les chemins
et toujours trotter si le train le permet, de manière à pouvoir trouver dans votre cheval, en
cas de besoin absolu, comme de prendre les
devants pour arrêter les chiens, un énergique
temps de galop.

La question du trot et du galop dépend beaucoup des aptitudes naturelles du cheval. Ainsi
il y a beaucoup de chevaux de pur sang que
l'on fatigue beaucoup en les forçant à trotter
et qui se fatiguent bien moins quand on les
laisse marcher un bon galop coulant ; et de
même, beaucoup de chevaux doublés ayant de
gros et de bons moyens au trot, vont plus vite
à cette allure et se crèvent en un rien de temps
quand on les fait galoper.

Une fois arrivé à l'hallali, il faut prendre un
gamin qui le fasse marcher au pas sans le laisser arrêter, tout le temps de la curée, pour
l'empêcher de se refroidir ; comme pour la
venue au rendez-vous, la retraite doit se faire
au trot de route, de manière à être rentré à
l'écurie le plus tôt possible, et recevoir les soins
que nous allons examiner en détail.

CHAPITRE V

LES SOINS A DONNER A L'ÉCURIE

Après la chasse, il est indispensable de réparer le plus complètement et le plus prompte-
ment possible la grande dépense de forces que
le cheval vient de faire. Sur ce point très important de l'hygiène, il faut se comporter
comme dans tous les autres, écarter les usages
empiriques pratiqués sans raisons scientifiques
et éviter l'emploi des drogues charlatanesques,

telles que poudres pour exciter l'appétit, li-
quides pour frictions, etc.

On doit suivre une méthode simple, se servir de moyens pratiques, de matières qui se
trouvent partout et facilement.

Le jour de chasse, dans les stalles ou les
boxes des chevaux qui sont en forêt, la litière
doit être relevée et le sol mis à nu, de façon
qu'au moment où ils rentrent ils puissent être
lavés dans l'écurie sans mouiller la paille.

De l'eau chaude sera tenue prête à partir de
quatre heures du soir et maintenue très chaude

jusqu'à la rentrée, — à raison d'un grand seau au moins par cheval.

Aussitôt de retour, mettez tout de suite les chevaux à l'écurie, débridez, bouclez les licols, retirez les surfaits des couvertures ; si celles-ci sont sèches, laissez-les sur le cheval ; si elles sont mouillées, retirez-les immédiatement et mettez-en de sèches, laissez la selle et dessanglez seulement de trois ou quatre points ; mettez la chaîne de jour pour que les chevaux ne se roulent pas avant d'être dessellés et ne cassent pas vos arçons.

Si les membres sont très couverts de boue, lavez le plus gros vivement, à l'eau froide, en curant bien les pieds et en retirant avec soin les cailloux qui peuvent y être enfoncés entre la fourchette et les arcs-boutants.

Ce premier lavage fait, donnez deux litres de son bien frisé, pas davantage ; cela calme la soif du cheval.

Une plus grande quantité empâterait l'estomac et aurait l'inconvénient des fameuses mâches qui endorment l'appétit et qui débilitent justement au moment où les toniques sont nécessaires pour reconstituer ce que l'organisme a perdu dans un effort anormal.

Les mâches, dont les cochers abusent tant, sont très nuisibles dans l'état de santé et ne sont bonnes que pour des convalescents ou des malades.

Au bout d'un quart d'heure, vous enlèverez les couvertures et la selle.

Si la chasse a été très dure ou que le cheval soit sensible sous la selle et exposé à avoir des foulures, il est bon de bien l'éponger à cette place avec de l'eau blanche.

Après quoi il faut laver à l'eau très chaude (à une température telle que la main la supporte tout juste) les quatre membres dans toute leur longueur et prolonger ce lavage suffisamment pour que non seulement il débarrasse complètement la peau des corps étrangers et de la transpiration coagulée, mais encore qu'il joue le rôle d'un bain chaud et dissipe la raideur et la fatigue.

L'effet produit sur le cheval est le même que celui obtenu chez l'homme par un bain chaud, qui est le meilleur remède pour dissiper la courbature.

Ce lavage terminé, il faut bien sécher, au
bouchon de paille et au torchon, toutes les
parties humides, donner un vigoureux pansage
à la brosse de chiendent, mettre une chemise
de toile et les couvertures, bien balayer le pavé,

rabattre la paille et faire une bonne litière,
puis donner l'avoine.

Une heure après, il est nécessaire de donner
un bon coup de torchon aux membres pour
finir de les sécher, enfin de mettre les flanelles
en ayant bien soin que les premiers tours aux
paturons et aux boulets soient assez serrés et

les derniers, aux canons, beaucoup plus lâches.

Les cordons, surtout, ne doivent jamais être serrés, mais simplement en contact, sans exercer la moindre pression, de manière qu'on puisse passer facilement le petit doigt entre eux et le membre enveloppé.

Le nœud sera toujours fait sur la face externe des canons pour que le frottement des jambes ne le défasse pas. Les cordons de flanelle trop serrés provoquent des engorgements souvent très graves, et il est très important d'attirer l'attention des hommes d'écurie sur ce danger.

En terminant, vous donnerez le foin pour la nuit et aussi la paille, si vous avez cette mauvaise habitude, — vous n'avez pas oublié que nous sommes de l'avis de ceux qui ne donnent pas ce dernier aliment ; — puis vous laisserez le cheval bien tranquille jusqu'au lendemain matin, les portes bien fermées et l'écurie bien chaude, la chaleur étant un des meilleurs moyens d'activer la circulation et de décon-

gestionner les tissus engagés par l'effort et la fatigue.

Le lendemain matin, avant le premier repas et avant tout travail, en ouvrant la porte de l'écurie, vous sortez tous les chevaux qui ont chassé, sans couvertures, pour bien voir tout le corps.

Vous les examinez au repos avec le plus

grand soin, vous voyez s'ils ont reçu des coups aux yeux, sur les membres, si la sole, la fourchette ou la muraille ont été endommagées, si le garrot et le rein ne sont pas écorchés ni enflés, si les yeux ne sont pas rouges et injectés, si la langue et les lèvres ne sont pas congestionnées, si le rein est souple, si le flanc n'est pas agité ni retroussé.

Vous vous informez si le cheval a bien mangé, si le crottin est normal.

Après cet examen, vous faites passer le cheval devant vous au pas, ensuite au trot, pour juger son degré de fatigue et constater s'il boite ou s'il est droit.

Nous allons énumérer maintenant les divers accidents et maladies que vous pouvez découvrir dans cette indispensable inspection, qui doit être faite, comme nous venons de le dire, avant le premier repas, pour que, si par hasard il se produit un cas de fourbure ou de fluxion de poitrine, vous puissiez faire pratiquer le plus tôt possible les saignées dont la prompte exécution est la principale chance de réussite.

Si le cheval se tourne péniblement dans sa

stalle pour en sortir, s'il ne pose les pieds sur
le sol qu'avec une grande appréhension, en
posant les talons les premiers pour diminuer
l'appui de la pince, et surtout si le mouvement
de recul lui est impossible ou très difficile,
c'est que l'animal est fourbu.

Il faut tout de suite envoyer chercher le vétérinaire et laisser le cheval à jeun en l'attendant.

Si l'homme de l'art demeure loin, vous ne
risquez rien de pratiquer une abondante sai-
gnée de quatre à cinq litres.

Si le cheval a le flanc agité, la respiration
gênée, l'œil et les lèvres un peu jaunes, il y a
lieu de craindre une fluxion de poitrine; continuez la diète en attendant le vétérinaire.

Dans le cas où l'avoine n'a pas été mangée,
où le rein est dur et ne ploie pas sous la pression des doigts, où les membres sont endoloris
et la marche difficile, en un mot, lorsqu'il y a
trace d'extrême fatigue, donnez d'abondants
barbotages de farine d'orge mêlée de son, jusqu'à ce que l'appétit soit revenu.

Lavez, soir et matin, les membres à l'eau

chaude, comme au retour de la chasse ; tenez l'écurie bien chaude et faites faire à la main, en ayant soin de couvrir le cheval du camail et de plusieurs couvertures, deux promenades par jour, d'une demi-heure chacune.

Suivez ce régime jusqu'à ce que la courbature soit dissipée.

Quand le garrot ou le rein est enflé simplement, sans plaie, appliquez une couche épaisse de blanc d'Espagne délayé dans du vinaigre de cuisine, laissez sécher jusqu'au lendemain, enlevez l'emplâtre avec une brosse de chiendent, et, si l'enflure a persisté, continuez à appliquer le mélange jusqu'à guérison, en ayant bien soin de faire pénétrer jusqu'à la peau la pâte, qui doit avoir l'épaisseur du fromage à la crème.

Si le garrot ou le rein est écorché, bassinez avec le baume du Commandeur, et, plusieurs fois dans la journée, lavez avec de l'eau blanche très forte, moitié eau, moitié extrait de Saturne.

Souvent, après une chasse dure, les chevaux ont la vessie un peu échauffée, l'urine épaisse et peu abondante.

Dans ce cas, un lavement d'eau de graine de lin bien épaisse est un remède infaillible.

Si les tendons sont simplement un peu gros et empâtés, faites tout autour du membre une bonne application de blanc d'Espagne et de vinaigre, le plus épaisse possible. Traitez de même toutes les enflures des boulets et des jarrets et tous les coups qui n'ont pas fait de plaies. Si la guérison ou un mieux sensible ne se produit pas au bout de quelques jours, c'est que l'accident sort des simples « bobos » que l'on peut soigner efficacement dans toute écurie bien dirigée et rentre dans la catégorie des maladies qui demandent les soins réguliers et éclairés d'un bon vétérinaire.

Tant que les pieds restent sensibles, la bouse de vache dans les sabots est une excellente chose, mais il ne faut pas en faire un usage régulier et continuel, parce qu'elle finit par

amollir la sole, qui n'a jamais trop de fermeté
pour supporter les chocs sur les corps durs.

Quand le cheval est revenu intact de la
chasse ou qu'il est rétabli des divers atouts
qu'il a pu y attraper, il faut, comme nous

l'avons dit pré-
cédemment, le
promener d'a -
bord, le lende-
main même de
la chasse, bien
couvert et au
pas, pendant une
demi-heure en-
viron, pour bien
raviver la circu-
lation ; les jours suivants, jusqu'à la prochaine
chasse, lui faire faire tous les jours, à une
allure variée, mais toujours modérée, une
promenade suffisante pour le maintenir en
condition et bon appétit, mais qui ne doit,
dans aucun cas, aller jusqu'à la fatigue même
légère.

Avec la pratique régulièrement appliquée

des mesures que nous venons d'examiner, vous pourrez vous servir longtemps des chevaux simplement bons et faire durer presque indéfiniment les très bons chevaux que votre heureuse chance vous fera rencontrer.

Je n'ai rien inventé de tout ce que je viens de dire ; tout cela est vieux comme le monde, seulement beaucoup l'ont oublié ou n'en ont jamais eu connaissance, ou bien auraient de la peine à dégager ce qui est vrai et simple dans les ouvrages qui traitent de ces questions et dont le but ordinaire est de démontrer que l'auteur seul a découvert que les chevaux mangent, boivent et dorment, que lui seul possède des recettes aussi merveilleuses que compliquées pour les guérir de tous les maux imaginaires et réels, et que le reste des humains se compose de vulgaires ignorants.

Je croirai avoir rendu un grand service à ceux que j'aurai amenés à se méfier des grands pontifes — ou poncifs — de l'hippiatrique et de la vénerie, et que j'aurai convaincus que la véritable hygiène est basée sur le respect des forces naturelles de chaque organe.

Que les maîtres, les vrais savants en alimentation, en entraînement, en maréchalerie, en
équitation, ce sont les chevaux et que c'est
toujours à eux et à eux seuls qu'il faut demander ce qui leur est bon et ce qui leur est
mauvais.

J'ai simplement pris note de leurs réponses
— et je vous les ai communiquées.

FIN

TABLE

5-1-8. — Tours, imp. E. Arrault et Cie.

EXTRAIT DU CATALOGUE. — SPORT

Le Cheval et son Cavalier. — Hippologie et Équitation (3e édition). — École pratique pour la connaissance, l'éducation, la conservation, l'amélioration du cheval de course, de chasse, de guerre. D'après les plus récentes publications anglaises sur le **Turf**, de Stonehenge, Blaine, Youatt, Walker, le *Sporting Magazine*, etc. ; avec des tables généalogiques et nombreuses additions et remaniements au point de vue du *cheval français*. Par le Comte J. de Lagondie (*ancien colonel d'État-Major*). — Un fort volume de 680 pages, avec 65 gravures, imprimé sur papier teinté ; relié avec luxe en toile grise, avec ornements tirés en or et noir sur le plat, tranches en couleur. — Prix . . . . **7 fr. 50**

L'auteur a tracé, dans cet excellent traité, ce que tout sportsman, tout cavalier doit savoir ; il intéresse autant les Messieurs que les Dames.

Nous donnons ci-après le résumé des chapitres : *Courses de chevaux :* Handicaps. Paris, Cheval de course, Origine, Vitesse, Pureté du sang. Forme extérieure. Haras, Élevage, Écuries, Sellerie, Ferrure, Entraînement, Poulinière, Dressage, Pistes, Chef, Groom, Jockey, Frais d'élevage. — *Courses de Haies et Steeple-Chase :* But, Règlement. Poids, Hippodrome, Entraînements. — *A la Queue des Chiens :* Hunter, Écurie et Achat, Dressage, Entraînements. — *Courses au Trot :* Trotteur, Cavalier, Terrain, Entraînements. — *Théorie et Pratique de l'Élève du Cheval de Course :* Unions, Croisement, Choix de Poulinière et d'Étalon. Liste d'Étalons modernes. — *Entraînement pour Pédestrians : Hippiatrique et Équitation :* Équipement, Équitation des dames, Chevaux d'attelage, Pansage, Nourriture, Tondre, brûler et faire les crins ; Vices d'écuries, Voitures, Harnais.

Dressage méthodique du Cheval de Selle, d'après les derniers enseignements de F. Baucher, recueillis par un de ses élèves, M. le général baron Faverot de Kerbrech (*ancien écuyer de l'empereur Napoléon III, chargé du dressage des chevaux de selle de S. M.*). Un volume de luxe grand in-8°, orné de vignettes et d'un portrait de F. Baucher. **7 fr. 50**

Les Haras et les Remontes. — Prix des chevaux, Étalons de pur sang ; la production chevaline en France, par le baron de Vaux. Introduction par Edmond Henry, *Membre du Conseil supérieur des Haras.* Un volume. . **1 fr.**

www.ingramcontent.com/pod-product-compliance
Lightning Source LLC
LaVergne TN
LVHW021451170726
843501LV00005B/1600